食在义乌
——非遗十点与国际菜制作技艺

主　编　叶庆仙　蒋华剑

北京理工大学出版社
BEIJING INSTITUTE OF TECHNOLOGY PRESS

版权专有　侵权必究

图书在版编目（CIP）数据

食在义乌：非遗十点与国际菜制作技艺 / 叶庆仙，蒋华剑主编 . -- 北京：北京理工大学出版社，2023.12

ISBN 978-7-5763-3361-9

Ⅰ．①食… Ⅱ．①叶… ②蒋… Ⅲ．①糕点—制作—中国②西餐—烹饪 Ⅳ．① TS213.2 ② TS972.118

中国国家版本馆 CIP 数据核字 (2024) 第 002235 号

责任编辑：徐艳君　　**文案编辑**：徐艳君
责任校对：周瑞红　　**责任印制**：施胜娟

出版发行 /	北京理工大学出版社有限责任公司
社　　址 /	北京市丰台区四合庄路 6 号
邮　　编 /	100070
电　　话 /	（010）68914026（教材售后服务热线）
	（010）68944437（课件资源服务热线）
网　　址 /	http: //www.bitpress.com.cn
版 印 次 /	2023 年 12 月第 1 版第 1 次印刷
印　　刷 /	保定市中画美凯印刷有限公司
开　　本 /	710 mm×1000 mm　1/16
印　　张 /	11
字　　数 /	162 千字
定　　价 /	50.00 元

图书出现印装质量问题，请拨打售后服务热线，负责调换

编委会

主　编：叶庆仙　蒋华剑

副主编：周丹丹　胡　涛

编　委：孙　翔　于雅慧　王　苹

　　　　刘显德　朱　敏　叶映光

前 言

民以食为天,一地特色美食养育一地人。义乌是一座有着悠久历史的城市,传统小吃品种繁多,如"浙江省名小吃"东河肉饼,被列为浙江省非物质文化遗产。义乌人对传统小吃的追求简单又浓烈,不仅喜欢吃,还喜欢动手做。挖掘记忆深处的味道,传承小吃传统技艺,对于弘扬义乌美食文化,提高城市影响力,具有重要意义。

义乌作为中国外向度极高的国际性商贸城市,吸引了无数来自异国他乡的创业者,他们怀着各种梦想汇集这里,同时也带来他们家乡的饮食。提高厨师对国际菜的认识与理解,掌握国际菜品烹调技能,了解各国特色文化,有利于国际菜的传承和发扬,让餐饮行业得到多元化和国际化的发展。

本教材坚持从岗位实际出发,结合烹饪专业特色课程,分为基础模块和拓展模块,共30个项目,基础模块收集了10个义乌传统美食小吃的制作技艺,拓展模块收集了20道义乌街头特色国际菜的制作技艺。其中,东河肉饼、吴店馒头、杨梅红粿三个小吃的制作技艺已经通过浙江省专项职业能力考核规范的评审,东河肉饼制作技艺、吴店馒头制作技艺成为义乌市地方标准。

本教材注重美食制作的技艺技法,每个项目设置了原材工具、制作流程、技术要点,制作流程详细,操作步骤清晰,文字描述简洁,穿插大量图片,应用性和实用性强,是一本介绍义乌传统美食和流行国际菜品的精美图书,可作为职业学校烹饪专业师生选修教材使用,也可作为烹饪爱好者的参考用书,同时可供义乌餐饮界同人交流使用。

本教材是义乌市城镇职业技术学校烹饪专业教师集体智慧的结晶,也是烹饪专业作为浙江省高水平专业建设的阶段性成果。

在资料的收集整理过程中，得到了中国烹饪名师、浙江省点心大师楼洪亮，义乌市餐饮宾馆行业协会秘书长、中式面点师高级技师成云法，义乌市银都商途餐饮有限公司，义乌市特色小吃非遗传承人等的大力支持，在此一并表示感谢。

本教材在编写过程中，由于时间仓促，编者水平有限，难免存在纰漏和差错，敬请专家、同行批评指正，并提出宝贵意见。

编 者

目 录

基础模块　义乌传统点心制作技艺　　　　　　　　　　　　**1**

　　项目一　东河肉饼　　　　　　　　　　　　3
　　项目二　吴店馒头　　　　　　　　　　　　12
　　项目三　杨梅红粿　　　　　　　　　　　　20
　　项目四　义乌糖洋　　　　　　　　　　　　28
　　项目五　义乌米烙　　　　　　　　　　　　32
　　项目六　义乌索面　　　　　　　　　　　　38
　　项目七　乌伤豆梗　　　　　　　　　　　　44
　　项目八　豆皮素包　　　　　　　　　　　　50
　　项目九　荞麦老鼠　　　　　　　　　　　　56
　　项目十　茶点果子　　　　　　　　　　　　62

拓展模块　义乌流行国际菜制作技艺　　　　　　　　　　　　**73**

　　项目一　法拉费　　　　　　　　　　　　　75
　　项目二　藏红花红鱼柳　　　　　　　　　　80
　　项目三　白沙瓦里咖喱鸡　　　　　　　　　84
　　项目四　土耳其牛肉末茄子酿　　　　　　　88

项目五	摩洛哥风烤鸡肉串配酸奶蘸酱	92
项目六	菠萝咕噜鸡肉	97
项目七	经典科布沙拉	102
项目八	爽口卷心菜蔓越莓沙拉	107
项目九	五品烩简易意式大虾白酱意面	111
项目十	香烤猪排	115
项目十一	五品烩烤芝士三明治配番茄汤	120
项目十二	酪乳鸡翅	124
项目十三	恶魔蛋佐牛油果酱与意大利熏火腿	128
项目十四	甜瓜凉菜汤	133
项目十五	开放式三明治佐大虾	137
项目十六	浓汤鸡肉派	141
项目十七	手撕猪肉三明治	145
项目十八	大虾熏肠什锦烩饭	151
项目十九	柠檬黄油煎鸡胸肉	156
项目二十	花椰菜鸡肉焗意面	161

基础模块

义乌传统点心制作技艺

项目一

东河肉饼

东河肉饼是浙江义乌传统小吃，始于清朝嘉庆年间，流传至今，因产自义乌东河村而以村名冠之。东河肉饼其实是一种葱肉饼，色如琥珀，薄如宣纸，能透出光亮来，具有"柔、韧、香、色"的特点，它的美味早已名声在外。义乌人保护和传承了这一特色美食，如今，高档宾馆、乡镇摊点均可吃到东河肉饼，逢年过节、家庭喜事，义乌人喜欢将东河肉饼招待亲友宾客。东河肉饼制作技艺入选浙江省第六批非物质文化遗产代表性项目名录。

原料准备

面粉	1000克	盐	20克
水	500~600克	鸡精	20克
猪肉	500克	味精	10克
葱（去根）	300克	辣椒末	10克
食用油	少许		

制作步骤

（一）馅心

1. 将猪肉剁成肉末，葱去掉葱白，切成葱花。
2. 肉末加入盐、鸡精、味精、辣椒末调味，倒入适量食用油搅拌均匀，倒入切好的葱花继续搅拌制作成馅。

（二）面皮

1. 水倒入面粉中，和成粉团，再将粉团揉成光滑的面团。
2. 将面团搓条下剂，分成双数个小剂子，每个约 30 克重，并将剂子搓成圆形小面团。
3. 盖上保鲜膜静置 30 分钟，至面不回弹状态。

（三）成型

1. 小面团压扁，取其中一个面皮，放上馅心，用另一个面皮子盖上。注意馅不要塞得太满。
2. 用手捏饼边，捏紧封口制成饼坯，盖上保鲜膜，静置松弛 20 分钟左右。
3. 将醒好的饼坯稍微按扁一些，轻轻转圈拉扯饼坯，制成直径 25 厘米左右的透明圆饼。

（四）成熟

1. 平底锅烧热，刷一点点油。
2. 放入圆饼煎制，等滋滋响后翻另一面煎至琥珀色，起锅装盘，或摊在竹篾上，等凉透了再叠一起。

制作关键

1. 选取肥瘦相间的猪前腿肉。

2. 小葱选取义乌本地的香葱,注意去掉葱白。

3. 成品饼胚以肉葱分布均匀,薄如蝉翼,圆而不破为宜。

4. 根据个人口味可加入适量辣椒末提味。

5. 可搭配白粥、小馄饨等同食。

项目二

吴店馒头

有着百年历史的吴店馒头，因其独特的做法以及纯正的口味，成为义乌别具特色的地方美食。2006年，吴店馒头被评为"义乌市十大美食"之一。2009年，吴店馒头制作技艺被列入义乌市第三批非物质文化遗产代表名录。吴店馒头相比北方馒头，发酵更极致，更加柔软，特别回弹。吴店馒头表面光滑平整滚圆，入口松软有韧劲。发面馒头里隐含着一个"发"字，蒸馒头，"蒸"有蒸蒸日上的意思，在义乌，吴店馒头被人们赋予了丰富的意义，特别在春节期间，是用于宴请时必不可少的传统喜庆点心。

原料准备

中筋粉	500克
发酵酒酿水	300克
盐	4克

制作步骤

1. 将酒水分次加入面粉中,用筷子翻拌成絮状。

2. 用手将面絮揉成表面粗糙的面团。

3. 将面团揉透至表面光滑。

4. 将揉好的面团搓成粗细均匀的长条,将长条分成每个约30克的剂子。

5. 用手掌心与五指将面剂旋转搓成表面光滑的圆形面胚。

6. 面胚依次摆入铺好油纸的蒸笼中,放在温暖潮湿的环境中静置发酵至原体积的两倍大。

7. 在沸水锅上蒸制,上汽后15~20分钟即可。在出笼的馒头上,用印章盖上红色喜字或寿字等。

制作关键

1. 揉面时一定要揉透揉匀，揉好的面团及生坯一定要及时用干净的湿布盖上，以防止面团表面干燥结皮。

2. 发酵温度要控制适当，保证生坯发酵完全。

3. 通常情况下，发酵时间越长，产生的气体越多。但若时间过长，面团发酵过度，产生的酸味大，面团的弹性变差，制品易坍塌。发酵时间过短，产生的气体较少，导致发酵不足，成品色泽差，不够暄软。

项目三

杨梅红粿

红粿是义乌流行的一道传统喜庆米粉点心,属于"喜粿""红粿"。

红粿外形似杨梅,也称为杨梅红粿,用糯米粉和面作皮,内放芝麻、核桃、义乌红糖,团成圆形,外面粘上染红的糯米蒸制而成。蒸熟后其外表鲜红如杨梅,鲜美浓郁,满口生香。在义乌逢年过节,家里摆喜宴,少不了浑身通红的杨梅红粿,让客人与主人一起分享那份喜气。

原料准备

红糖	50 克
熟黑芝麻	50 克
糯米粉	200 克
粳米粉	50 克
糯米	500 克
开水	110 克

制作步骤

1. 红糖碾碎至无块状物,熟黑芝麻打碎。
2. 熟黑芝麻和红糖混合,搅拌均匀制成馅心。
3. 取 5 克馅心,整形,搓圆,备用。

4. 糯米粉、粳米粉、开水按比例调制成粉团，趁热将面团揉至光滑。

5. 揉好的面团搓条，分成 20 克大小均匀的剂子，将剂子搓成圆球形。

6. 将揉好的剂子放入盘中，盖湿毛巾备用。

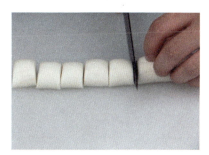

7. 将2克红曲粉与500克湿润的糯米混合，静置着色成红米。

8. 将每个剂子按扁，窝成酒盅状，加入馅心，收口搓圆，表面均匀粘上红米。

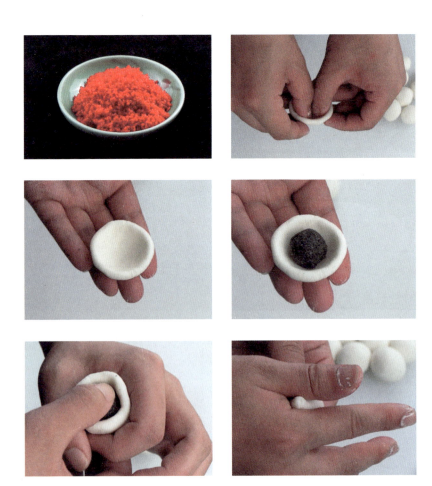

9. 热水上锅，将红粿生坯蒸15分钟，出锅装盘或摊凉备用。

制作关键

1. 糯米粉与粳米粉比例搭配适当,如果糯米粉过多,口感虽好,但难以制作成"粿"。如果糯米粉过少,虽然制作容易,但影响口感。

2. 用开水调制面团,趁热将面团揉至光滑。

3. 包馅收口要捏紧,防止陷心溢出。

4. 上色时色素用量要精确,裹米时米粒要均匀包裹。

项目四

义乌糖洋

"义乌糖洋"又叫"义乌糖娘"或"义乌糖炀",为棕红色的点心。糖洋是义乌当地极具代表性的传统小吃,据《义乌市志》记载:"七月半,糖炀、索粉当一顿。"说的是农历七月十五这天,大家不生火做饭,都以糖洋为主食。因此糖洋只在每年夏天才吃得着。糖洋主要由粳米、义乌红糖、水三种原料经过多道工序制作而成。它放凉以后食用,风味更佳,属于夏季清凉食品,口感很滑,但比豆腐又多了些软糯。炎炎夏日,吃上几口凉凉的糖洋,是义乌人的解暑良方。

原料准备

粳米	500 克
义乌红糖	100 克
水	1000 毫升

制作步骤

1. 将粳米浸泡 3~4 小时,泡好后,倒入过滤后的义乌红糖水中,混合均匀。
2. 将浸泡的粳米和糖水用石磨磨成细腻的米浆,磨完后装入大点的容器备用。
3. 将调好的米浆均匀倒入蒸锅中,蒸制成熟,以筷子插入不黏为宜。
4. 将蒸熟的糖洋摊凉。
5. 切成均匀的菱形块,装盘即可。

制作关键

1. 粳米要泡透,磨浆时要磨制细腻,否则将影响口感。

2. 根据要求控制好火力大小,将糖洋蒸熟蒸透,以筷子插入不黏为宜,防止夹生。

3. 蒸好的糖洋要摊凉后再切制成型,否则将影响成品造型。

4. 义乌糖洋食用时建议冷凉食用,口感最佳。

项目五

义乌米烙

米烙是义乌地方传统小吃，属于夏季甜品，其中最地道的当属大陈镇马畈村的米烙。米烙也是家家户户每年七月半用来祭祖的供品。据《义乌市志》记载："七月半，米酪、索粉当一顿。"做法：把粳米浸涨，水磨成浆，加上红糖搅匀，舀入炊粿帘中炊熟，开锅，待其冷却，再用刀划成菱形块。以前农人在地里割稻见有卖米烙的，就用湿谷换米烙与索粉，顺手摘荷叶当碗，同时荷叶的清香更衬托了米烙甜糯清香。

原料准备

粳米	500 克
红糖	100 克
碱性水	1000 克
煮熟红豆	100 克

制作步骤

（一）米浆制作

1. 粳米洗净后泡水，静置约4小时，泡至用手掐米易碎即可。

2. 泡好的粳米放入漏斗，同时加入碱性水，碾磨成米浆备用。

（二）熬制糖浆

3. 红糖里加入适量碱性水。
4. 红糖碱性水加热化糖。

（三）成熟制作

5. 熬好的红糖水倒入碾好的米浆中，搅拌均匀后过筛备用。

6. 米浆倒入专用模具中，撒上熟红豆，蒸制2小时。

（四）切块成型

7. 成熟后的米烙为棕红色，放凉后切成菱形块即可。

制作关键

1. 用烧过的芝麻秆过滤出来的水,制作米烙的碱性水。

2. 米浆与碱性水之间的比例要适当。

项目六

义乌索面

义乌索面，源于清末，至今已百年有余，最有名气的索面在上溪的吴店以及夏演一带。义乌索面吃起来颇有韧性，咸香、爽滑，口感好，被评为上溪美食"五朵金花"和义乌十大美食之一，其制作技艺还被列入了义乌市非物质文化遗产名录。义乌索面因其形状"长瘦"，谐音"长寿"，有了"长福长寿"之意。

原料准备

精面粉	50千克
水	30千克
盐	5.5千克

制作步骤

1. 往盐水里倒入面粉，搅拌均匀后揉面。

2. 将揉好的面倒在面板上，用刀在面团肚子上深深地剖开一刀，让面充分呼吸。

3. 拿出面线，两条面筋轻轻一拉，面线扯成两尺多长。把一根面竹插在专门晒面的木架的高处，另一根面竹在手里一拉一扬，原来粗粗的面线霎时幻化成丝丝缕缕。

4. 把手中的另一根面竹插在面架低处的孔眼里，制成一帘纱面。

5. 拉好后，用两根长长的"竹筷子"在两缕面线之间轻轻地撑开几下，以免面条互相粘住。

6. 天气好的话，一般晾晒 2~4 小时就可以收了。

制作关键

1. 盐的比例至关重要,比例要根据面粉的质地和天气干湿冷热而不同。盐太多,面抻不开;盐太少,面就太塌太垂。

2. 用盐水和面,如果先在面粉里加盐混合,再加水和面,盐分会分布不均匀。

3. 面团要揉透,这样做出的面有韧劲,更加好吃。

4. 因地表湿气渐渐升起,含有盐分的索面就会返潮,下午3点以后一般不晒纱面。晒纱面不能晒得太干燥,这样容易断,要晒九分干。

项目七

乌伤豆梗

乌伤豆梗是义乌著名的特色美食，营养又好吃，因切制时将其切成豆梗形而得名。炸好后金黄酥脆，等放凉再食用，放进嘴里噼里啪啦脆，是很多人满满的儿时回忆和幸福感的来源，也是过年时小孩子们最喜爱的小零嘴之一，同时也是义乌特色年味中必不可少的一部分。

原料准备

面粉	300 克
牛奶	85 克
油	50 毫升
白糖	50 克
食用小苏打	2 克
鸡蛋	1 个

制作步骤

1. 鸡蛋、小苏打、白糖、牛奶依次加入面粉中,不断用筷子翻拌成絮状。

2. 将面絮揉成表面光滑的面团,盖上保鲜膜醒发30分钟,面团松弛后揉透。

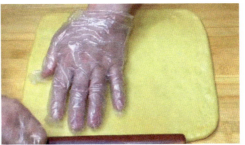

3. 将面团擀成 0.3 厘米厚的长方形大片，改刀切成粗细均匀的条。

4. 用160℃的油锅炸制，待豆梗炸至漂浮状态后降低油温，再炸1分钟左右，呈金黄色再稍加油温炸几秒钟。

5. 用漏勺控油，装盘。

制作关键

1. 根据面粉的吸水性能分次加入牛奶，防止面团过软不易成型。揉面一定要揉透揉匀，揉好的面团表面应该光滑。

2. 面皮不可擀得太厚，以免外焦里生。

3. 油锅温度不可过高，当豆梗下锅时切记不可着急翻动以免粘连，中途需转低温控出其中水分，使其更加酥脆。

项目八

豆皮素包

豆皮素包是浙江义乌传统的名点，主要用义乌当地特产豆腐皮包以馅料制作而成。豆皮素包馅料品种多样，荤素搭配更加美味，如萝卜牛肉馅，牛肉肉质鲜美，萝卜脆嫩豆皮松软。把铁锅加热到一定高温时，现包，现烤，现吃，讲求"新鲜"，其香、软、清爽之口感，不言而喻。

原料准备

白萝卜	300克	葱花	15克
豆腐	200克	盐	3克
豆腐皮	3张	味精	2克
姜末	10克	菜籽油	100克

制作步骤

1. 白萝卜去皮,切成长6厘米的丝。豆腐沥干水分,压碎,豆腐皮撕去边筋,改刀成14厘米×12厘米大小的12张。

2. 白萝卜丝在沸水焯至断生捞出，冷水过凉，挤干水分。

3. 锅烧热，加入50克油，煸香姜末，加入萝卜丝、豆腐翻炒，再加盐、味精调味，最后加入葱花，炒制成馅料，出锅装盘，晾凉。

4.取馅料20克，放在一小张豆腐皮上进行包制，豆腐皮两边往里各折回2厘米，卷包成长10厘米、宽3厘米的素包坯，收口处涂抹清水粘牢，收口朝下放置，依次完成12条。

5.锅烧热，加入菜籽油，素包排入锅中，用中火煎制，两面煎至金黄出锅，装盘。

制作关键

1. 宜选用新鲜、水分充足的白萝卜,萝卜丝不宜过长,豆腐压制不要过于细碎。

2. 焯水后的萝卜丝,一定要挤干水分,防止炒制后馅心出水。

3. 馅心待凉后再包制。豆腐皮先用干净的湿毛巾抹一遍,防止豆腐皮风干发酥影响制作,豆腐皮太湿也容易破。

4. 素包两头和收口要粘牢包紧,避免馅心漏出。

5. 煎制时宜用菜籽油,色泽更加金黄,香气浓郁。控制好火候,火太小不易煎出表皮略带松脆的口感,火太大容易煎老变焦。

项目九

荞麦老鼠

荞麦老鼠俗称"米筛爬",是义乌传统名小吃之一。因形似小老鼠而得名。义乌的荞麦老鼠是用荞麦面粉和水以及其他辅料混合做成的。和好荞麦面团后,搓成一指宽面条,以中食二指夹取面团,在米筛上按卷成中空,"背满筛花,腹内两疤",在沸水中与时令蔬菜同煮。

蔬菜首选水分充足的萝卜。中老年一代的义乌人,将萝卜切成丝状,牛肉切丝,萝卜丝和牛肉加猪油翻炒,待萝卜和牛肉的香味出来之后,放进荞麦老鼠,加水煮,最后调味撒上切好的蒜苗即可出锅,香味扑鼻,美味可口。

原料准备

荞麦粉	300 克	盐	10 克
水	200 毫升	生抽	10 克
牛腩	300 克	料酒	10 克
低筋面粉	150 克	鸡精	10 克
萝卜	1 根		
蒜苗	1 根		

制作步骤

1. 将300克荞麦面和150克低筋面粉混合加入200毫升水揉成面团。

2.将牛肉切小块，白萝卜切丝，蒜苗切段。

3.锅烧热，葱姜蒜爆香，爆香后加入牛腩翻炒2分钟，再加入萝卜丝和适量的生抽、盐翻炒，倒入白开水煮沸并调味。炖煮20分钟。

4.面团揉成条,切段,然后在米筛上按压成型。

5. 牛腩炖煮约20分钟后,加入按压成型的荞麦老鼠煮至成熟,撒上蒜苗即可。

制作关键

1. 荞麦粉加水不要加太多,过软的话在米筛上搓的时候会黏结。

2. 和好荞麦面团搓成型时,注意手指力度,太轻了,背部形状不明显,太重了,不容易按卷成中空。

项目十

茶点果子

茶点果子起源于唐朝，是茶宴中佐茶而食的糕点，也称为茶果、果子、唐果子等。茶点果子的食材大多取材于四季的时令食物，都是纯天然取材，没有添加剂。鲜艳的色彩也均为天然食材染色，一般用各种复杂的粉类、水果制作，非常健康。茶点果子用传统手工制作，造型大多来源于大自然中的花果，透出自然的气息，散发出独有的精致和安静之美。

原料准备

（一）白豆沙原料

白豆沙粉	100克
水	约300克（加至豆沙粉全湿状态）
韩国幼砂糖	120克

（二）求肥原料

糯米粉	15克
水	45克

（三）馅心原料

【抹茶馅】

芸豆沙	100 克
上新粉	20 克
抹茶粉	15~20 克
茶汤	100~200 毫升
橄榄油	适量

【五谷杂粮馅】

芸豆粉	100 克
上新粉	20 克
杂粮粉	30 克
开水	100−200 毫升
橄榄油	适量

【紫薯馅】

紫薯	100 克
上新粉	20 克
白糖	40 克
水	100~150 毫升
橄榄油	适量

（四）着色原料

食用色浆1套

工具准备

三角棒：雕塑果子线条的工具，前端用来制作花蕊。

剪菊刀：剪出果子细致花瓣。

布巾：制作果子自然的皱褶与塑形。

各色模具：做出不同造型的羊羹。

雕塑工具：在果子上切压出纹路，或加强线条等。

各式压模器：压出各式图案的果子，如叶子、花朵、燕子等。

微波炉：加热豆沙。

电磁炉：炒制熬制豆沙、馅心、羊羹。

蒸锅：蒸制各式食材。

单柄锅：煮炒果子皮、馅心、羊羹。

调色碗：搅拌各式粉类或盛装材料。

搅拌棒：打蛋液，拌匀糊泥、果汁。

筛网：制作细密花蕊。

滤网：为避免粉类结粒，使用滤网过筛。

茶筅：烹茶工具。

烘培垫：操作时不易黏结，使工作台保持清洁。

铲刀：切皮、馅染色辅助用。

橡皮刮刀、塑料刮板：不同用途的刮刀刮板。

砧板：切制羊羹和其他食材。

喷雾器：内装饮用水，适时喷湿避免果子黏结。

电子秤：称量材料重量。

牙签：调色或取金箔。

量杯：盛水量器。

保鲜膜：保存果子皮、馅心隔绝空气。

塑料盒：保存果子。

片刀、水果刀：用于切羊羹。

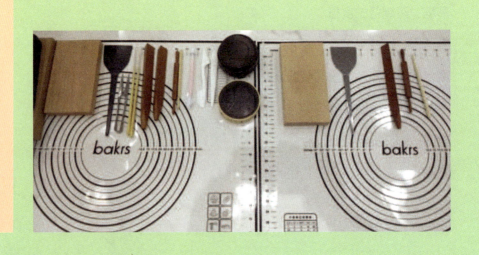

制作步骤

（一）白豆沙制作

用不粘锅将原料用大火炒至冒泡，改小火炒半干，制成白豆沙，盛入碗中备用。

（二）求肥制作

将糯米粉和水混匀，放入微波炉加热一分半钟，取出备用。

（三）练切制作

1. 300克白豆沙放入微波炉，用高火加热约两分半钟，豆沙成发泡沙状态，第一次搅拌排水汽。再用微波炉加热2分钟，再次搅拌后排水汽，成为干性豆沙。

2. 将备用求肥加入干性豆沙混合均匀，放入微波炉加热1分钟至无水汽状态。取出食材，在案板上揉制后分成均匀小块，晾凉。再揉，制成练切（即外皮），最后包上保鲜膜待用。

（四）馅心制作

【抹茶馅】

1. 在茶粉里倒入茶汤，用茶筅把抹茶粉均匀化开。
2. 在化开的茶汤里加入芸豆沙和上新粉，搅拌均匀，制成馅料。
3. 将馅料倒入炒锅，用中火炒制成抹茶馅，不粘手即可。
4. 待馅料凉透后，搓成均匀馅团备用。

【五谷杂粮馅】

1. 在芸豆粉、上新粉、杂粮粉中加入 100 毫升开水，充分搅拌均匀。
2. 将馅料放入炒锅炒熟，至不粘手即可。
3. 待馅料凉透后，搓成均匀馅团备用。

【紫薯馅】

1. 紫薯去皮切成小块，蒸笼蒸制 20 分钟，蒸熟后用搅拌棒搅成泥状待用。
2. 水烧开，倒入上新粉和白糖搅拌均匀，制成糖水。
3. 糖水中加入紫薯泥，用搅拌棒搅匀，倒入炒锅中，用小火炒至不粘手即可。
4. 待馅料凉透后，搓成均匀馅团备用。

（五）制作成型（银杏茶点果子制作）

1. 取两个15克的外皮面团，分别加入黄色、浅绿色食用色浆，揉制成着色均匀的面团。两个面团分别一分为二。

2. 取一黄一绿两个面团做拼色，按压使两块面团着色均匀，呈现银杏叶从绿变黄的渐变效果。

3. 取搓圆的抹茶馅10克,放在外皮上,采用虎口包,搓成果胚备用。

4. 用手掌大鱼际将圆形果胚轻轻按压塑形,沿着边缘捏出银杏叶的形状。

5.用勾线刀勾勒出银杏叶的线条,用三角棒按压出银杏叶缘缺口,制成银杏茶点果子。

制作关键

1. 练切时注意温度的把握,加热搅拌过程中要排干水汽。

2. 食用色浆要适量,练切要均匀着色。

3. 用手掌大鱼际按压、揉捻茶点果子的动作要轻柔。

4. 包制时,馅心放在皮中间,收口时,要用力均匀。

5. 茶点果子冷藏后食用口感更佳。

拓展模块

义乌流行国际菜制作技艺

项目一

法拉费

　　法拉费，又名中东蔬菜球、油炸鹰嘴豆饼，是中东一带的特色小吃，由鹰嘴豆泥或蚕豆泥加上调味料制成。品尝法拉费的方法：可以把它们塞入披塔；蘸着酸奶汁，或是当地特别的一种芝麻酱一起吃；也有人把它单独作为食品，炸出来后直接品尝，十分松脆，相当美味。

◆ **食材**

鹰嘴豆	400 克
面包	80 克
红洋葱	2 个
蒜	3 瓣
生姜	1 茶匙
欧芹	20 克
香菜	20 克
辣椒	半个
面粉	4 汤匙
泡打粉	$1\frac{1}{2}$ 茶匙
植物油	1 升
酸奶油	200 克
薄荷	10 克
盐	2 克
白胡椒粉	1 克

◆ **用具**

大碗 刀 砧板
带研磨器的立式搅拌机
小锅 盘子 厨用纸巾
小碗

◆ **每份所含营养**

热量	280 卡路里
蛋白质	11 克
脂肪	8 克
碳水化合物	40 克

烹饪步骤

1. 鹰嘴豆泡水至少12小时以上,用清水冲洗后沥干备用。

2. 面包撕成小块,红洋葱、蒜、生姜、欧芹、香菜与辣椒切碎。

3. 所有食材混合，用带研磨器的立式搅拌机研磨。加入适量面粉、泡打粉，揉成面团。

4. 面团揉成小圆饼状。

5. 在小锅中用中温加热植物油,放入小饼炸 4~6 分钟至金棕色,然后盛入铺有厨用纸巾的盘中沥油。

6. 加入酸奶油、薄荷、盐与白胡椒粉,调成蘸酱,搭配法拉费食用。

项目二

藏红花红鱼柳

中东地区是藏红花最早出现的国家之一。由于自然选择,世界上的动植物最早都出现在最适宜其生长的地区,所以中东的藏红花是世界上最好的藏红花。今天这道菜就以中东的藏红花和红鱼柳相结合制作而成。

◆ **食材**

红鱼柳	1 片
藏红花	1 克
醇厚的红酒	1 汤匙
番茄	2 个
佛手柑片	2 片
香葱	1 根
白胡椒粉	1 克
百里香	1 根
黄油	10 克

◆ **用具**

煎锅　水壶　盘子

◆ **每份所含营养**

热量	68 卡路里
蛋白质	25 克
脂肪	10 克
碳水化合物	5 克

烹饪步骤

1. 红鱼柳用盐、白胡椒粉、百里香腌制。融化一小块黄油,鱼煎制变色。

2. 藏红花泡水,佛手柑片煮水,备用。

3.奶油煮开,加入备好的藏红花水和佛手柑片水,用适量盐调味成底酱。煎好的鱼放入酱汁烩入味,淋入红酒,烧至酒精挥发完。

4.起锅,撒上香葱,用番茄和佛手柑片装饰。

项目三

白沙瓦里咖喱鸡

白沙瓦为巴基斯坦西北边境省首府,是巴基斯坦最具有民族特色的城市。当地人用本地多种香料调配成咖喱酱来制作白沙瓦里咖喱鸡,鸡肉细嫩,辛香开胃,适合一年四季食用。这道菜已经在亚太地区成为主流的菜肴之一。

◆ **食材**

鸡胸肉（无骨）	500 克
洋葱	1 个
蒜	2 瓣
生姜	15 克
番茄	2 个
黑胡椒粒	1 茶匙
香草籽	1 茶匙
莳萝	1 颗
辣椒面	$1\frac{1}{2}$ 茶匙
盐	$1\frac{1}{2}$ 茶匙
酸奶	4 汤匙
无盐黄油	2 汤匙
印度五香咖喱粉	1 茶匙
柠檬	1 个
香菜	10 克

◆ **用具**

砧板 刀 研钵与杵
炒锅 锅铲 榨汁器

◆ **每份所含营养**

热量	310 卡路里
蛋白质	35 克
脂肪	7 克
碳水化合物	25 克

烹饪步骤

1. 鸡胸肉切块,番茄切丁,洋葱削皮切薄片,蒜和生姜削皮切碎。用研钵研碎黑胡椒粒、香菜籽和整颗莳萝。

2. 中火加热炒锅,加入小块无盐黄油,将洋葱炒至半透明状。加入鸡肉块、蒜末、生姜末、辣椒面、香料和盐,翻炒5分钟。再加入番茄丁,翻炒5分钟。

3. 倒入酸奶,煮 5 分钟。

4. 加入无盐黄油、印度五香咖喱粉、柠檬汁,收浓汤汁。可配以新鲜香菜叶食用。

项目四

土耳其牛肉末茄子酿

　　土耳其人喜欢吃茄子,土餐中有很多茄子菜肴。这道肉末茄子就是土耳其人家中经常拌着米饭吃的主菜。虽然它的名字不很优雅,直接翻成中文是"肚皮上的裂缝",但还是很形象的,就是划开茄子的肚子填上各种食料。说到味道,还真是不错,确实是下饭的一道可口的菜肴。

◆ **食材**

牛肉末	300 克	孜然粉	$\frac{1}{2}$ 茶匙
茄子	2 个	香菜粉	1 茶匙
橄榄油	1 汤匙	番茄膏	4 茶匙
番茄	200 克	水	200 毫升
欧芹	10 克	绿尖椒（装饰用）	1 根
洋葱	1 个	红尖椒（装饰用）	1 根
蒜	2 瓣	欧芹（摆盘用）	1 根
烟熏甜椒粉	1 茶匙		
辣椒粉	$\frac{1}{2}$ 茶匙		

◆ **用具**

烤箱　砧板　刀
深底烤盘　平底锅　锅铲
长柄锅

◆ **每份所含营养**

热量	498 卡路里
蛋白质	38 克
脂肪	31 克
碳水化合物	17 克

烹饪步骤

1. 烤箱预热至 200°C。茄子纵向削皮，长边处浅浅切一刀，方便成熟入味。茄子切口处抹上橄榄油和盐，放到烤盘上烤约 30 分钟，或者直到茄子变软。

2. 番茄切丁，欧芹切碎，洋葱、蒜去皮切碎。平底锅中放橄榄油，中火加热，依次加入牛肉末、切碎的洋葱、蒜末，翻炒 5 分钟，然后加入香料、2 茶匙番茄膏、番茄丁和欧芹碎，搅拌均匀，制成牛肉馅料备用。另取一个长柄锅，加入水和 2 茶匙番茄膏，烧开，制成酱汁。

3. 从烤箱中取出茄子，用叉子沿刀口处划开，放入牛肉馅料。

4. 绿尖椒和红尖椒切条装饰。番茄酱汁倒入烤盘，烤箱 200°C 烤制约 15 分钟或直至辣椒稍微变焦。

项目五

摩洛哥风烤鸡肉串配酸奶蘸酱

摩洛哥烤鸡肉最出彩的地方就是它多样的香料。摩洛哥一度是非洲大陆沟通世界的枢纽,各地商贾在此云集,从印度、阿拉伯等地引进了丰富的香料,如姜黄、肉桂、藏红花等,也创造出摩洛哥独特的综合香料,它由35种香料与食材混合制成,绝对是北非料理的灵魂所在。

◆ 食材

鸡胸肉	4 块
原味酸奶	200 克
蒜	2 瓣
摩洛哥综合香料	2 汤匙
柠檬汁	3 汤匙
孜然粉	$\frac{1}{2}$ 茶匙
橄榄油	4 汤匙
皮塔饼	6 张
混合生菜	100 克
香菜	4 根
薄荷	4 根
植物油（煎炒用）	15 克
盐	3 克
黑胡椒粉	1 克
糖	1 克

◆ 用具

砧板　刀　大碗
小碗　木串　平底锅（大）
夹子

◆ 每份所含营养

热量	878 卡路里
蛋白质	75 克
脂肪	31 克
碳水化合物	72 克

烹饪步骤

1. 100 克酸奶、摩洛哥综合香料、一半切碎的蒜和 2 汤匙柠檬汁倒入一个大碗中，搅拌均匀。放入鸡胸肉，加盐调味，搅拌均匀，让其充分挂上调味汁，腌制大约 30 分钟。

2. 将剩下的 100 克酸奶、蒜和孜然粉加入一个小碗中搅拌均匀。加入适量的盐调味后，放在一边等上桌用。

3. 开始准备沙拉汁。将 1 汤匙柠檬汁和橄榄油加入一个小碗中,加入适量盐、黑胡椒粉和糖调味,放置一边等上桌用。

4. 用木串将腌制的鸡肉串好放在一边。

5.取平底锅在中火上加热,先将皮塔饼放入,两面都烤至金黄后从锅中拿出。在锅中加入植物油,放入鸡肉串煎炸直至熟透,色泽变金黄。鸡肉串和皮塔饼配上混合生菜,用新鲜香菜、薄荷装盘,搭配酸奶蘸酱食用。

项目六

菠萝咕噜鸡肉

菠萝咕噜肉在海外的华人餐馆里属于传统菜（只要是华人餐馆一定有这道菜），也是海外当地人品尝中国菜必须点的一道美食。在国外，通常都是用鸡肉条裹上生粉炸，最后裹上番茄酱汁，酸酸甜甜，很开胃。

◆ **食材**

鸡胸肉	400 克	葵花籽油	130 毫升
红甜椒	1 个	水（冷）	150 毫升
黄甜椒	1 个	红糖	2 汤匙
洋葱	1 个	番茄酱	3 汤匙
蒜	2 瓣	生抽	$1\frac{1}{2}$ 汤匙
菠萝	200 克	苹果酒醋	60 毫升
面粉	100 克	芝麻（摆盘用）	1 汤匙
泡打粉	$1\frac{1}{2}$ 茶匙	葱（摆盘用）	适量
淀粉	30 克	米饭（熟，摆盘用）	适量
盐	$\frac{1}{2}$ 茶匙		

◆ **用具**

刀　砧板　碗　打蛋器　炒锅　锅铲　盘子（大）　厨用纸巾

◆ **每份所含营养**

热量	685 卡路里
蛋白质	31 克
脂肪	41 克
碳水化合物	48 克

烹饪步骤

1. 甜椒去籽去蒂,切成条。洋葱对半切,改刀成半月形。蒜剁碎。菠萝去蒂去皮,切小块。鸡胸肉切成条。

2.碗中加入面粉、泡打粉、淀粉、1/4的葵花籽油和水,搅拌混合,制作成天妇罗面糊。放入鸡肉条,裹上面糊。将剩下的葵花籽油倒入炒锅,加热至高于170°C,加入鸡肉条油炸,直至双面金黄。炸好的鸡肉放到厨用纸巾上吸油,备用。

3. 锅中留底油,加入洋葱和蒜末翻炒约 30 秒,加入红甜椒、菠萝翻炒约 1 分钟。加入糖,加热至略微焦化。加入番茄酱、生抽和苹果酒醋,翻炒约 2 分钟。加入鸡肉,混合翻炒,撒上芝麻、葱,装盘。

项目七

经典科布沙拉

经典科布沙拉（Cobb Salad），不同于其他沙拉除了蔬菜就是水果，这款沙拉不仅有鲜嫩多汁的烤鸡胸，还有焦脆的煎培根，可说是有肉有菜，既符合了轻食的理念，也满足了肉食一族"无肉不欢"的口味。科布沙拉传统的摆盘方式是，颜色由浅到深，整齐排列。

◆ **食材**

培根	100 克	红葱头	半个
鸡蛋	2 个	小葱	10 克
植物油	1 汤匙	橄榄油	50 毫升
鸡胸肉	2 块	意大利香醋	$1\frac{1}{3}$ 汤匙
罗马生菜	2 颗	黄芥末	1 茶匙
黄瓜	半根	蓝纹奶酪	80 克
牛油果	半个	盐	2 克
樱桃番茄	150 克	黑胡椒粉	1 克

◆ **用具**

烤箱　烘焙纸　浅底烤盘
刀　砧板　炖锅（小）　平底锅
夹子　沙拉甩水器　打蛋器　碗（大）

◆ **每份所含营养**

热量	1147 卡路里
蛋白质	62 克
脂肪	90 克
碳水化合物	26 克

烹饪步骤

1.烘焙纸铺在烤盘上,放上培根,放入预热到 160℃的烤箱中烤 10 分钟左右,或烤至质地酥脆。在沸水锅中下入鸡蛋,约煮 8 分钟取出,放入冷水中降温备用。

2. 平底锅用中火预热。倒入植物油煎鸡胸肉，约4分钟，或直至熟透。用盐和黑胡椒粉调味。取出，等冷却后切柳备用。

3. 罗马生菜切成条，黄瓜切片。牛油果对半切开，去核，切片。红葱头去皮切碎，葱切末。剥蛋，并切成四瓣备用。

4.将橄榄油、意大利香醋、盐、黑胡椒粉和黄芥末倒入碗中搅拌,制成沙拉酱。

5.沙拉酱淋入备好的食材中拌匀,整理并摆盘。将蓝纹奶酪擦成末撒在沙拉上,即可食用。

项目八

爽口卷心菜蔓越莓沙拉

爽口卷心菜蔓越莓沙拉是国外素食主义女性喜欢的一道菜。其中主料卷心菜富含维生素C、维生素E、果酸、纤维素、胡萝卜素以及微量元素钼等，可以提高免疫功能，增强抗病能力，再配上蔓越莓，是一道非常值得品尝的经典开胃菜。

◆ **食材**

欧芹	20 克
蔓越莓	200 克
洋葱	1 个
胡萝卜	3 根
卷心菜	半颗
柠檬汁	3 克
白葡萄酒醋	3 汤匙
酸奶油	500 克
酪乳	200 毫升
盐	2 克
白胡椒粉	1 克
糖	1 克

◆ **用具**

刀　砧板　打蛋器
大碗　保鲜膜

◆ **每份所含营养**

热量	187 卡路里
蛋白质	3 克
脂肪	9 克
碳水化合物	23 克

烹饪步骤

1. 欧芹切碎,洋葱、胡萝卜、卷心菜切细丝。

2. 欧芹、柠檬汁、白葡萄酒醋、酸奶油与酪乳在大碗中混合均匀,并加入盐、白胡椒粉、糖,制成沙拉调味汁。

3.调味汁加入切好的食材中,搅拌均匀。用保鲜膜密封,并置于冰箱中冷藏约20分钟,待沙拉充分入味即可摆盘食用。

项目九

五品烩简易意式大虾白酱意面

白酱是西餐中的基础酱料之一。白酱在意大利面和各色焗菜中,是必不可缺的酱汁,可以配意面、牛排、烩饭,是个百搭款酱汁。这道菜就是用经典的白酱配上意面芝士大虾制成的经典菜肴。

◆ **食材**

虾	250 克
蒜	3 瓣
帕玛森奶酪	100 克
意大利宽面	300 克
橄榄油	3 汤匙
无盐黄油	3 汤匙
奶油	100 毫升
黑胡椒粉	1 克
盐	2 克
欧芹（摆盘用）	1 根

◆ **用具**

砧板 刀 刨丝器
厨用纸巾（可选） 平底锅（大）
夹子 碗 炖锅（大） 粉扒

◆ **每份所含营养**

热量	1354 卡路里
蛋白质	56 克
脂肪	73 克
碳水化合物	118 克

烹饪步骤

1. 蒜去皮切碎。帕玛森奶酪切碎。虾去壳，用厨用纸巾拍干。

2. 大火预热平底锅。加入 2 汤匙橄榄油。加入虾，用盐与黑胡椒粉调味，每侧煎制约 1 分钟（或直到虾变成完全粉红色并卷曲）。从锅中取出虾，放一旁备用。将锅转小至中火，然后将剩余的 1 汤匙橄榄油和无盐黄油加入锅中。加入蒜末，炒香。加入奶油，搅拌直至完全混合。分批次加入帕玛森奶酪，搅拌均匀后直到所有的奶酪都混入酱汁中。当酱汁充分光滑时，加入虾并转小火，然后用黑胡椒粉调味。

拓展模块　义乌流行国际菜制作技艺

3. 沸水锅中加盐下入意面,将意面煮6分钟左右,或直到变软捞出备用。

4. 平底锅中加入意大利面和一些煮面水,加入所有食材,直至完全混合并呈奶油状,并根据需要再次添加适量煮面水搅拌均匀。用切碎的欧芹装饰,即可摆盘。

项目十

香烤猪排

烤猪排是美国的经典菜肴之一。其做法十分考究,要求以小猪排为原料,浇上自配的烤肉酱汁,再放至烤炉上扒至香味四溢,色泽适度。

◆ **食材**

猪排	600 克
杏	100 克
核桃	50 克
第戎芥末（Dijon mustard）	150 克
中辣味芥末	150 克
黑啤酒	130 毫升
苹果酒	40 毫升
番茄酱	30 克
红糖	25 克
伍斯特酱（Worcester sauce）	1 汤匙
蒜	1 瓣
白胡椒粉	1 汤匙
盐	3 克
橄榄油	4 克

◆ **用具**

刀　砧板　烤架
平底锅　锅勺　烧烤钳
烤盘　烤箱

◆ **每份所含营养**

热量	446 卡路里
蛋白质	40 克
脂肪	22 克
碳水化合物	16 克

烹饪步骤

1. 预热烤箱。杏切半,去核。

2. 将第戎芥末、中辣芥末、黑啤酒、苹果酒、番茄酱、红糖、伍斯特酱、蒜末与白胡椒粉放入平底锅中,搅拌均匀。用低温煮沸后继续煮至酱汁减半,加盐调味,制成烤肉酱汁。

3. 在猪排两面抹上橄榄油,加盐与白胡椒粉调味备用。

4. 将猪排放在预热好的烤架上,每面烤 2~3 分钟。

5.将猪排移入烤盘中,刷上备好的烤肉酱汁。加入杏和核桃,在烤箱中烤10~15分钟,直至杏变软。加盐与白胡椒粉调味,即可装盘。

项目十一

五品烩烤芝士三明治配番茄汤

三明治是一种典型的西方食品,以两片面包夹几片肉和奶酪、炼乳等各种调料制作而成,吃法简便,广泛流行于西方各国。搭配浓郁番茄汤,好吃又营养。

◆ 食材

格鲁耶尔奶酪	60克
切达奶酪碎	60克
罐装碎番茄	400克
洋葱	1个
吐司	4片
无盐黄油（软）	适量
水	适量
盐	适量
黑胡椒粉	适量

◆ 用具

砧板 刀 炖锅 锅铲
擦菜器 平底锅 锅铲
手持式搅拌机 汤勺

◆ 每份所含营养

热量	490卡路里
蛋白质	26克
脂肪	22克
碳水化合物	49克

烹饪步骤

1. 洋葱去皮切丁。炖锅里中火融化无盐黄油，放入洋葱炒至半透明，加入罐装碎番茄，炒香后加入水、盐调味。煮至沸腾，然后慢炖20分钟，制成番茄汤备用。

2. 把无盐黄油抹在每片吐司的一面上，注意边角要涂到。擦碎格鲁耶尔奶酪。

3. 中火加热平底锅。锅热了以后,把一片吐司黄油面朝下放入锅中,将切达奶酪碎和格鲁耶尔奶酪碎放在吐司上面,然后将另一片吐司黄油面朝上盖在奶酪碎上面。奶酪开始融化,面包变得金黄的时候,翻面继续煎至焦黄。

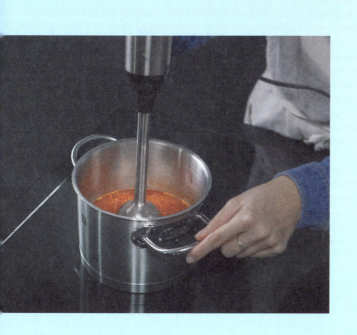

4. 将番茄汤用搅拌机打至顺滑,用盐和黑胡椒粉调味。三明治对半切成三角形,将番茄汤装盘,配上切好的三明治即可食用。

项目十二

酪乳鸡翅

普通的鸡翅再加上常见的酪乳，看似神奇的搭配却能给我们带来不一样的入口感觉。酪乳鸡翅相对于香炸鸡翅来说，口感上多了一丝奶香细腻。

◆ **食材**

迷迭香	1 茶匙
酪乳	100 毫升
酸橙（皮碎）	半个
甜椒粉	10 克
蒜	1 瓣
鸡翅	500 克
普通面包屑或日式面包粉	150 克
面粉	200 克
盐	3 克
白胡椒粉	2 克
植物油	500 克

◆ **用具**

刀　砧板　压蒜器
冷冻袋　大碗　夹子　煎锅

◆ **每份所含营养**

热量	528 卡路里
蛋白质	27 克
脂肪	19 克
碳水化合物	62 克

烹饪步骤

1. 将酪乳、酸橙皮碎、切碎的迷迭香、甜椒粉、压碎的蒜瓣，用盐、白胡椒粉调味并搅拌均匀，制成酪乳腌料备用。

2. 将酪乳腌料倒入冷冻袋，加入鸡翅并混合均匀，放入冰箱冷藏腌制约2小时。

3. 将腌制好的鸡翅在面粉内拌匀，甩掉鸡翅上多余的面粉后再次放入酪乳腌料中裹匀腌料，再裹上面包屑，确保其各面都裹匀面包屑。

4. 在锅中加入植物油，待油热后放入鸡翅，煎炸8~10分钟并不时翻动，使各面均匀受热。待鸡翅内部熟透，表面呈棕色，即可装盘食用。

项目十三

恶魔蛋佐牛油果酱与意大利熏火腿

牛油果中含有丰富的维生素A、E、C、B，不仅有益视力，还能够美容护肤，有效延缓皮肤衰老。鸡蛋中含有丰富的卵磷脂，能够营养大脑神经，提高脑细胞的活性程度，增强记忆力；而且鸡蛋可以减轻肝损害，修复受损的肝细胞，保护肝脏。意大利的帕尔玛火腿是全世界最著名的生火腿，其色泽嫩红，如粉红玫瑰般，脂肪分布均匀，口感于各种火腿中最为柔软。这道菜就是用牛油果制作酱汁，搭配鸡蛋和火腿，制作成恶魔蛋佐牛油果酱与意大利熏火腿。

◆ **食材**

鸡蛋（分次使用）	8个
牛油果	2个
意大利熏火腿	5片
芥末	1汤匙
植物油	3汤匙
青柠（榨汁）	2个
辣椒	1根
香菜	20克
橄榄油	2汤匙
欧芹	30克
盐	2克
白胡椒粉	1克
冰块	适量

◆ **用具**

烤箱，平底锅（大）厨用纸巾
烤盘　刀　液体量杯　砧板
浸入式搅拌机　橡胶刮刀（可选）
小碗　大碗　榨汁器（可选）
裱花嘴　裱花袋

◆ **每份所含营养**

热量	356卡路里
蛋白质	15克
脂肪	31克
碳水化合物	6克

烹饪步骤

1. 烤箱预热至180℃。沸水锅中加盐，放入鸡蛋，煮8分钟后捞出，过冰水备用。

2. 意大利熏火腿铺在垫有烘焙纸的烤盘上，再盖上一层油纸，压上另一个烤盘。以180℃烤5分钟，或直至火腿变得焦脆。

3.将煮熟的鸡蛋剥壳,切半,挖出蛋黄。将挖出的蛋黄与一个生鸡蛋、芥末一起倒入一个量杯中,一边搅打,一边慢慢倒入植物油后制成蛋黄酱。将蛋黄酱装入小碗中,撒盐与白胡椒粉调味后备用。

4.牛油果切半,去核,挖出果肉,香菜、辣椒切碎,用盐、白胡椒粉与橄榄油调味后用打料机打碎,倒入装有裱花嘴的袋中制成牛油果酱备用。

5.将意大利熏火腿从烤箱中取出备用。将蛋黄酱抹到一个餐盘中打底,牛油果酱填入切半的蛋白中。在盘里摆上火腿,用欧芹装饰。撒盐与白胡椒粉调味即可食用。

项目十四

甜瓜凉菜汤

甜瓜凉菜汤在很多的西餐厅里都可吃到，尤其是在夏季，这种富含维生素，清凉可口的汤肴更是广受世界各地的食客青睐。甜瓜凉菜汤跟我们平日所喝到的健康杂菜饮品颇为相似，其制作并不复杂，但一定要注意食物卫生。

◆ **食材**

哈密瓜	半个
番茄	4 个
黄瓜	半根
红甜椒	1 个
罗勒叶	10 片
红葱头	1 个
蒜	1 瓣
巴萨米克白醋	2 克
橄榄油	2 汤匙
辣椒	1 根
糖	1 茶匙
盐	2 克
黑胡椒粉	1 克
橄榄油（摆盘用）	适量
辣椒粉（摆盘用）	适量

◆ **用具**

砧板 刀 碗 锅铲 搅拌机

◆ **每份所含营养**

热量	223 卡路里
蛋白质	4 克
脂肪	11 克
碳水化合物	26 克

烹饪步骤

1. 甜瓜、番茄、黄瓜、红甜椒与洋葱切丁,蒜切碎,罗勒叶切丝,备用。

2. 将所有蔬果放入大碗中,加入巴萨米克白醋、植物油、辣椒粉、糖、盐与黑胡椒粉,拌匀后静置10分钟。

3. 将备好的食材放入搅拌机中或用手持搅拌机打碎。如果太稠，可加少许水。

4. 加少许盐与黑胡椒粉调味。然后盛入深盘中，滴入少许橄榄油，撒少许辣椒粉，饰以新鲜罗勒叶，即可食用。

项目十五

开放式三明治佐大虾

在我们的传统印象里,三明治一定是用两块面包夹着不同的食材才好吃。其实,对于德国以及斯堪的纳维亚的人们而言,并非如此,他们更喜欢的是将各种各样的食材,如鸡蛋、火腿、培根、芝士等,放到一片切好的面包上。这道菜就是最经典的开放式三明治佐大虾。

◆ 食材

法棍面包	1 个
大虾	300 克
黑橄榄（去核）	10 个
酸豆	10 个
番茄干	80 克
罗勒	10 克
菲达芝士	200 克
酸奶	3 汤匙
橄榄油	1 汤匙
蒜（分次使用）	2 瓣
柠檬（榨汁）	半个
迷迭香	1 枝
罗勒	适量
盐	适量
白胡椒粉	适量
橄榄油	适量

◆ 用具

刀　砧板　搅拌碗
锯齿刀　煎锅　榨汁器

◆ 每份所含营养

热量	516 卡路里
蛋白质	31 克
脂肪	21 克
碳水化合物	47 克

烹饪步骤

1. 将黑橄榄、酸豆、番茄干、罗勒剁碎备用。

2. 将菲达芝士与酸奶混合,然后拌入切碎的黑橄榄、酸豆、番茄干、罗勒,再加入橄榄油,搅拌均匀,撒盐与白胡椒粉调味,制成菲达酱备用。

3.将法棍面包切片,刷上橄榄油和蒜末。加热煎锅放入法棍,每面煎2~3分钟,或直至面包变成金黄色,取出备用。

4.在煎锅中加入橄榄油,放入大虾、迷迭香、蒜末,撒盐调味后加入柠檬汁再煎2分钟,关火取出备用。

5.将菲达酱涂抹到烤好的法棍上打底,放上煎好的大虾,撒上罗勒碎装饰即可食用。

项目十六

浓汤鸡肉派

用鸡肉制作浓汤,味道相对温和、清淡,营养丰富,所以也适用于加强菜肴的口感和味道,能使食物更加美味可口。鸡肉蛋白质中富含人体必需的氨基酸,为优质蛋白质的来源。此外,搭配上烤制的酥皮,好吃又营养。

◆ 食材

鸡胸肉	500 克
胡萝卜	100 克
鸡汤	500 毫升
豌豆	100 克
蒜	2 瓣
牛至	10 克
欧芹	20 克
迷迭香	10 克
黑胡椒粒	2 汤匙
黄油	50 克
通用面粉	50 克
奶油	50 毫升
柠檬	半个
糖	1 茶匙
伍斯特酱	2 汤匙
肉豆蔻粉	$\frac{1}{4}$ 茶匙
酥皮	275 克
盐	适量
白胡椒粉	适量
黄油	适量

◆ 用具

刀　砧板　烤箱　锅勺　漏勺　大锅　柠檬榨汁器　小锅　打蛋器　小烤模

◆ 每份所含营养

热量	748 卡路里
蛋白质	44 克
脂肪	47 克
碳水化合物	37 克

烹饪步骤

1. 预热烤箱至 180℃。胡萝卜切丁，蒜、牛至与一半欧芹切碎，鸡肉切小块，备用。

2. 在小锅中融化黄油。加入胡萝卜，煸炒至胡萝卜呈金色。下入鸡块与蒜末炒香，注入鸡汤，放入迷迭香、黑胡椒粒与欧芹，用小火煨 2~3 分钟。盛出鸡块备用。调至中高温，煮至汤汁减少三分之一，取出黑胡椒粒、迷迭香与欧芹。

3. 在小锅中用低温融化黄油。用打蛋器拌入面粉，搅拌均匀，加热至黄油面粉糊呈金色。加入煮好的胡萝卜鸡汤、奶油、柠檬汁，糖与伍斯特酱，继续搅拌至锅中无结块。加入肉豆蔻粉、盐与白胡椒粉调味，制成浓汤。浓汤中加入鸡肉块、豌豆、切碎的欧芹与牛至。

4. 将鸡肉浓汤盛入烤模。酥皮切成略大于烤模的圆形，盖在烤模上，并按压使边缘密封。用刀在酥皮中心划开小口，放入预热好的烤箱中，以180℃烤制15~20分钟，至酥皮呈金黄色即可。

项目十七

手撕猪肉三明治

西方所有食谱中,任何一种面包或面卷,任何一种便于食用的食品,都可制成三明治。这道面包夹烤猪肉的"热三明治"是最经典的三明治食品。

◆ **食材**

猪颈肉	1 千克
培根	50 克
蒜	2 瓣
红洋葱	1 个
茴香籽	10 克
苹果汁	100 毫升
伍斯特酱	50 毫升
意大利香醋	100 毫升
番茄酱	300 毫升
威士忌酒	50 毫升
黄油	20 克
柠檬汁	2 茶匙
香菜叶（新鲜）	20 克
小圆面包	4 个
盐	适量
白胡椒粉	适量
卷心菜（佐餐）	适量
小菜（佐餐）	适量
酸奶油（佐餐）	适量

◆ **用具**

刀　砧板　烤箱
锅勺　锅　手持搅拌机
烤盘　刷子　烤盘

◆ **每份所含营养**

热量	900 卡路里
蛋白质	59 克
脂肪	45 克
碳水化合物	56 克

烹饪步骤

1. 烤箱预热至150℃。将培根切段,蒜切成末,洋葱切丁,备用。

2. 中火预热平底锅。放入培根,煸炒3~5分钟,加入蒜末、洋葱丁和茴香籽,加盐和白胡椒粉调味。

3. 加入苹果汁，稀释锅底结块。加入伍斯特酱、意大利香醋、番茄酱与威士忌酒。煮沸后转低温，继续煮至汤汁减少三分之一，制成烤肉酱汁后静置冷却备用。

4. 香菜叶切碎，放入酱汁中拌匀。

5. 加柠檬汁、盐与白胡椒粉调味。放入黄油,搅拌均匀。

◆ 烹饪步骤 6/8

6. 使用手持搅拌机将酱汁搅打至顺滑状态,制成烤肉酱备用。

7. 将猪颈肉放入烤盘，刷上烤肉酱。200℃烤1小时，直至叉子能叉动（每半小时翻转一次并刷上烤肉酱）。从烤箱中取出，用两把叉子将肉撕碎备用。

8. 用中火预热烤盘。将小圆面包每面烤1~2分钟。将撕好的猪肉放在小圆面包上，放上卷心菜、和酸奶油后即可食用。

项目十八

大虾熏肠什锦烩饭

烩饭是一道源自意大利的美食,也是意大利美食中备受欢迎的一道菜品。它不仅具有米饭的细腻口感,还能够搭配上各种不同的食材,例如海鲜、蔬菜、奶酪、肉类等,每一种食材都能为烩饭带来不同的口感和味道,使得整道菜品变得更加多样化。而且,烩饭还可以根据不同人的口味进行调整,使得它的口味更加符合大众的喜好。

◆ **食材**

长谷米	250 克
虾	500 克
烟熏香肠	2 根
洋葱	1 个
红甜椒	1 个
芹菜	2 根
葱	4 根
罐装碎番茄	400 克
鸡高汤	500 毫升
月桂叶	2 片
干百里香	2 茶匙
干牛至	2 茶匙
甜椒粉	2 茶匙
白胡椒粉	1 茶匙
黑胡椒粉	1 茶匙
牛角辣椒粉	1 茶匙
蒜粉	1 茶匙
盐	适量
橄榄油	适量

◆ **用具**

砧板　刀　平底锅

◆ **每份所含营养**

热量	465 卡路里
蛋白质	30 克
脂肪	7 克
碳水化合物	70 克

烹饪步骤

1. 洋葱和红甜椒切成小块,芹菜切丝,葱切丝,熏肠切成片状,备用。

2. 平底锅中加入橄榄油烧热,放入大虾,每面煎1分钟,取出备用。加入熏肠切片,煎至金黄色。

3.平底锅中加入橄榄油，加入切好的蔬菜，翻炒至断生。放入米饭，炒匀。倒入罐装碎番茄、鸡高汤、月桂叶、干百里香、干牛至、甜椒粉、白胡椒粉、黑胡椒粉、牛角辣椒粉和蒜粉。用盐调味，翻炒拌匀原料，盖上盖，小火焖25分钟左右。

4. 饭出锅前放入炒好的大虾，拌匀后再焖2分钟。盛出什锦饭，装盘并饰以葱丝即可食用。

项目十九

柠檬黄油煎鸡胸肉

鸡肉含有高蛋白，是重要的蛋白质摄入来源，而且脂肪含量少。鸡肉中的蛋白有助于肌肉的生长、骨骼的健康和身体的生长发育，同时因为吃高蛋白的食物会使饱腹感快速增加，起到控制食欲的作用，减少对碳水化合物和卡路里的摄入需求，所以还可以达到减肥的效果。

◆ **食材**

鸡胸肉	2 块
柠檬	1 个
面粉	200 克
鸡蛋	2 个
橄榄油	4 汤匙
无盐黄油	3 汤匙
白葡萄酒	150 毫升
鸡高汤	100 毫升
辣酱油	1 茶匙
欧芹（装饰用）	适量
盐	适量
黑胡椒粉	适量

◆ **用具**

厨用纸巾　可密封的冷冻袋
敲肉锤　砧板　刀　碗　打蛋器
平底锅　夹子　锅铲

◆ **每份所含营养**

热量	623 卡路里
蛋白质	49 克
脂肪	25 克
碳水化合物	37 克

烹饪步骤

1. 鸡胸肉洗净，沾干水分，放入可密封的冷冻袋密封好，用敲肉锤敲打平展。将柠檬切片，欧芹切段，备用。

2. 鸡蛋在碗里打散，放入盐和黑胡椒粉调味。

3. 把鸡胸肉放入面粉中裹匀，沾一层蛋液，最后再裹一层面粉。平底锅中将油烧热，放入鸡胸肉，每一面煎至金黄，关火盛出鸡胸肉并保温备用。

4. 在同一口锅中将无盐黄油融化，加入柠檬片、白葡萄酒、鸡高汤、辣酱油，用盐和黑胡椒粉调味。文火加热10分钟收成浓酱汁。

5. 将鸡肉盛盘,淋上酱汁,用欧芹点缀即可食用。

项目二十

花椰菜鸡肉焗意面

意大利面，也被称为意粉，是西餐正餐中最接近中国人饮食习惯的面点。意大利面条有很多种类，每种都有自己的名称，且长短也有不同，其中空心的在国内称为通心粉。

作为意大利面的法定原料，杜兰小麦是最硬质的小麦品种，具有高密度、高蛋白质、高筋度等特点，其制成的意大利面通体呈黄色，耐煮，口感好。

意大利面种类不同，形状也不相同，除了普通的直身粉，还有螺丝形的、弯管形的、蝴蝶形的、空心形的、贝壳形的，林林总总有数百种。

◆ **食材**

蝴蝶结面	300 克
花椰菜	900 克
鸡胸肉	350 克
辣椒	1 个
荷兰酱	750 毫升
咖喱粉	2 汤匙
咸味饼干	150 克
橄榄油	5 克
黄油	2 克
盐	3 克
白胡椒粉	1 克

◆ **用具**

刀　砧板　烤箱　锅
滤器　煎锅　搅拌器　碗
料理机　烤盘

◆ **每份所含营养**

热量	413 卡路里
蛋白质	29 克
脂肪	11 克
碳水化合物	49 克

烹饪步骤

1. 将烤箱预热至180℃。花椰菜切成小朵。在沸水锅中放入盐,将切好的花椰菜放入水中煮4~5分钟。捞出花椰菜,滤干水备用。

2. 在另一沸水锅中放盐,将蝴蝶结意面煮出弹牙嚼劲,然后捞出滤干水备用。

3. 将鸡胸肉切丁。在煎锅中热油,翻炒鸡肉至金黄色,盛出备用。往一个碗中倒入荷兰酱,放入咖喱粉和切碎的辣椒,搅拌均匀,撒盐与白胡椒粉调味备用。

4. 将咸味饼干放入料理机中,搅打成碎末备用。

5. 用黄油润滑烤盘。在一个烤盘中混合意面、花椰菜和鸡胸肉,均匀地淋上荷兰酱,撒上饼干屑,以180℃烤15~20分钟即可食用。